煤矿地质工作细则

国家矿山安全监察局

应急管理出版社

·北京·

煤矿地质工作细则

制　　定	国家矿山安全监察局	
责任编辑	武鸿儒	
责任校对	张艳蕾	
封面设计	安德馨	
出版发行	应急管理出版社（北京市朝阳区芍药居 35 号 100029）	
电　　话	010 - 84657898(总编室)　010 - 84657880(读者服务部)	
网　　址	www.cciph.com.cn	
印　　刷	三河市中晟雅豪印务有限公司	
经　　销	全国新华书店	
开　　本	850mm×1168mm 1/64　印张 $2^1/_8$　字数 35 千字	
版　　次	2024 年 1 月第 1 版　2024 年 4 月第 3 次印刷	
标准书号	ISBN 978 - 7 - 5237 - 0252 - 9/P618.11	
社内编号	20231443　　　　定价　15.00 元	

版权所有　违者必究

本书如有缺页、倒页、脱页等质量问题,本社负责调换,电话：
010 - 84657880

国家矿山安全监察局关于印发《煤矿地质工作细则》的通知

矿安〔2023〕192 号

各产煤省、自治区及新疆生产建设兵团煤矿安全监管部门，国家矿山安全监察局各省级局，有关中央企业：

《煤矿地质工作细则》已经国家矿山安全监察局 2023 年第 31 次局务会议审议通过，现印发给你们，请认真贯彻执行。

国家矿山安全监察局
2023 年 12 月 29 日

目 录

第一章 总则 ·················· 1
第二章 煤矿地质类型划分及基础资料 ·············· 5
　第一节　煤矿地质类型划分 ······ 5
　第二节　煤矿地质基础资料 ······ 19
第三章 煤矿隐蔽致灾地质因素普查 ················ 23
第四章 煤矿地质补充调查与勘探 ················ 31
第五章 煤矿地质观测与综合分析 ················ 35
　第一节　地质观测 ··············· 35

第二节　资料编录 …………… 44
　　第三节　综合分析 …………… 46
　　第四节　地质预报 …………… 49
第六章　煤矿建设阶段地质工作 …… 52
　　第一节　基本要求 …………… 52
　　第二节　开工前地质工作 ……… 53
　　第三节　施工中地质工作 ……… 55
　　第四节　建矿地质资料移交 …… 59
第七章　煤矿生产阶段地质工作 …… 62
　　第一节　基本要求 …………… 62
　　第二节　掘进期间地质工作 …… 64
　　第三节　回采期间地质工作 …… 67
　　第四节　煤矿水平延深地质
　　　　　　工作 …………………… 70
　　第五节　露天煤矿工程地质
　　　　　　工作 …………………… 72
第八章　煤矿闭坑阶段地质工作 …… 75

第九章	煤矿地质数字化工作	78
第十章	附则	80
附录 A	煤矿地质类型划分报告编写提纲	83
附录 B	煤矿（水平延深）补充勘探设计、地质报告编写提纲	91
附录 C	煤矿（建矿、生产）地质报告编写提纲	96
附录 D	地质说明书编写主要内容及要求	103
附录 E	煤矿闭坑地质报告编写提纲	113
后记		119

第一章 总 则

第一条 为了加强和规范煤矿地质工作,为煤矿安全生产提供地质保障,有效预防煤矿事故,根据《煤矿安全规程》等,制定本细则。

第二条 煤矿企业、煤矿(井工煤矿、露天煤矿,下同)、有关单位的煤矿地质工作,适用本细则。

第三条 煤矿地质工作是指在原勘探报告的基础上,从煤矿基本建设开始,直到闭坑为止的全部地质工作。

第四条 煤矿地质工作应当坚持"综合勘查、科学分析、预测预报、保障安全"的原则。

第五条 煤矿地质工作的主要任务包括：

（一）研究煤矿地层、地质构造、煤层、煤质、瓦斯、水文地质、冲击地压、工程地质和其他开采地质条件等地质特征及其变化规律，开展地质类型划分；

（二）查明影响煤矿安全生产的各种隐蔽致灾地质因素；

（三）进行地质补充调查与勘探、地质观测、资料编录和综合分析，提供煤矿建设和生产各个阶段所需要的地质资料，解决煤矿安全生产中的各种地质问题；

（四）估算和核实煤矿煤炭资源储量以及煤矿瓦斯（煤层气）资源储量，

掌握资源储量动态，为合理安排生产提供可靠依据；

（五）调查、研究煤矿含煤地层中共（伴）生矿产的赋存情况和开采利用价值。

第六条 煤矿企业总工程师（或技术负责人，下同）、煤矿总工程师具体负责煤矿地质工作的组织实施和技术管理。

第七条 煤矿企业、煤矿应配备地质副总工程师，设立地测部门并配齐所需的地质及相关专业技术人员和仪器设备，建立健全煤矿地质工作规章制度。

地质副总工程师、地测部门负责人应由地质及相关专业技术人员担任。

第八条 煤矿企业、煤矿应组织或安排地质技术人员接受继续教育或业务培训,每3年至少进行1次。

第九条 煤矿企业、煤矿应积极采用新理论、新技术、新方法和新装备,认真开展煤矿地质研究,积极推进煤矿地质透明化,不断提高煤矿地质工作的技术水平。

第二章 煤矿地质类型划分及基础资料

第一节 煤矿地质类型划分

第十条 井工煤矿应根据地质构造复杂程度、煤层稳定程度、瓦斯类型、水文地质类型、冲击地压危险等级和其他开采地质条件进行类型划分。井工煤矿地质类型分为简单、中等、复杂和极复杂4种类型（表2-1）。

露天煤矿应根据地质构造复杂程

表2-1 井工煤矿地质类型

划分依据	类型			
	简单	中等	复杂	极复杂
地质构造复杂程度	简单	中等	复杂	极复杂
煤层稳定程度	稳定和较稳定煤层的资源储量占全矿井资源储量的80%及以上,其中稳定煤层资源储量所占比例不小于40%	稳定和较稳定煤层的资源储量占全矿井资源储量的60%~80%(含60%)	稳定和较稳定煤层的资源储量占全矿井资源储量的40%~60%(含40%)	不稳定煤层资源储量占全矿井资源储量的60%及以上
瓦斯类型	煤层瓦斯含量(W)<4 m³/t,且煤体结构类型为原生结构	煤层瓦斯含量(W)4 m³/t≤W<8 m³/t,或煤体结构类型以碎裂结构为主	煤层瓦斯含量(W)≥8 m³/t,或煤体结构类型以碎粒结构为主	煤与瓦斯突出矿井或瓦斯突出,煤体结构类型以糜棱结构为主

表2-1（续）

划分依据		类型			
		简单	中等	复杂	极复杂
水文地质类型		简单	中等	复杂	极复杂
冲击地压危险等级		无冲击地压危险	弱冲击地压危险	中等冲击地压危险	强冲击地压危险
		煤层及其顶底板岩层经鉴定均无冲击倾向性或冲击危险综合指数（W_t）≤0.25	冲击危险综合指数（W_t）0.25＜W_t≤0.5	冲击危险综合指数（W_t）0.5＜W_t≤0.75	冲击危险综合指数（W_t）＞0.75
其他开采地质条件	顶底板	顶底板平整，顶板完整性好，裂隙不发育	顶底板较平整，局部凹凸不平，顶板较完整，裂隙不很发育	顶底板凹凸不平，顶板裂隙比较发育，岩性较松软破碎	顶底板凹凸不平，顶板岩性松软，破碎，裂隙发育

7

表 2-1（续）

划分依据		类型			
		简单	中等	复杂	极复杂
其他开采地质条件	倾角	8°以下	8°~25°(含8°)	25°~45°(含25°)	45°及以上
	其他特殊地质因素	一般没有陷落柱、地热和天窗等地质危害	偶有陷落柱、地热和天窗等地质危害	常有较多陷落柱、地热和天窗等地质危害	煤层大面积遭受陷落柱、地热和天窗等地质危害

注：
1. 地质构造复杂程度划分按本细则第十一条执行。
2. 煤层稳定程度划分按本细则第十二条执行。
3. 煤体结构类型划分按《煤体结构分类》（GB/T 30050）执行。
4. 水文地质类型划分按《煤矿防治水细则》执行。
5. 冲击地压危险等级划分按《冲击地压矿井鉴定暂行办法》执行。
6. 按划分依据就高不就低的原则，确定井工煤矿地质类型。

度、煤层稳定程度、工程地质条件和水文地质条件进行类型划分。露天煤矿地质类型分为简单、中等和复杂3种类型（表2-2）。

第十一条 地质构造复杂程度划分以断层、褶曲、岩浆岩等影响采区合理划分因素为主。

（一）简单构造。含煤地层沿走向、倾向的产状变化不大，断层稀少，没有或很少受岩浆岩的影响，不影响采区的合理划分和采煤工作面的连续推进。主要包括：

1. 产状接近水平，很少有缓波状起伏；

2. 缓倾斜的简单单斜、向斜或背斜；

3. 为数不多和方向单一的宽缓褶

表 2-2 露天煤矿地质类型

划分依据	类型		
	简 单	中 等	复 杂
地质构造复杂程度	简单	中等	复杂、极复杂
煤层稳定程度	稳定	较稳定	不稳定、极不稳定
工程地质条件	以坚硬岩层为主，软弱结构面（面）不发育，有很少的软弱结构层（面）或层间距大于 30 m，含水性差，不影响边坡稳定	坚硬岩与软岩互层，软弱结构层（面）发育，多或软弱结构层（面）间距为 15～30 m，含层间距中等，水性中等，对边坡稳定有一定影响	坚硬岩与软岩互层，软弱结构层（面）极发育，软弱结构层（面）间距小于 15 m，含水性强或有井工煤矿开采破坏边坡现象等，严重影响边坡稳定

10

表 2－2（续）

划分依据	类型		
	简 单	中 等	复 杂
水文地质条件	地形有利于地表水的自然排泄,露天煤矿附近无地表水体或距地表水体很远,地表水与地下水无水力联系;地质构造简单,构造断裂对露天煤矿的无水作用甚微;含水层不发育,不需要疏干;软弱夹层岩性坚硬,软弱夹层不发育,地表水地下水对边坡稳定基本无影响	地形不利于地表水的自然排泄,露天煤矿附近有地表水体,但距地表水体较远,地表水与地下水有水力联系不密切,含水层补给条件较差;地质构造中等,煤层上部无松散含水层或松散含水层厚度不大;含水层虽较发育,但易于疏干;边坡岩层软弱岩层夹层较发育,边坡地下水地下水对边坡稳定有一定影响	地形不利于地表水的自然排泄,露天煤矿附近有地表水体,地表水与地下水有水力联系密切,或地质构造复杂;煤层上部较松散含水层覆盖,含水层发育,不易疏干;边坡软弱夹层发育,地表水,地下水对露天开采和边坡稳定有很大影响

注：1. 地质构造复杂程度划分按本细则第十一条执行。
2. 煤层稳定程度划分按本细则第十二条执行。
3. 按划分依据就高不就低的原则,确定露天煤矿地质类型。

曲。

（二）中等构造。含煤地层沿走向、倾向的产状有一定变化，断层较发育，局部受岩浆岩的影响，对采区的合理划分和采煤工作面的连续推进有一定影响。主要包括：

1. 产状平缓，沿走向和倾向均发育宽缓褶曲，或伴有一定数量的断层；

2. 简单单斜、向斜或背斜，伴有较多断层，或局部有小规模的褶曲及倒转。

（三）复杂构造。含煤地层沿走向、倾向的产状变化很大，断层发育，有时受岩浆岩的严重影响，影响采区的合理划分，只能划分出部分正规采区。主要包括：

1. 受几组断层严重破坏的断块构

造；

2. 在单斜、向斜或背斜的基础上，次一级褶曲和断层均很发育；

3. 紧密褶曲，伴有一定数量的断层。

（四）极复杂构造。含煤地层的产状变化极大，断层极发育，有时受岩浆岩的严重破坏，很难划分出正规采区。主要包括：

1. 紧密褶曲、断层密集；

2. 形态复杂的褶曲，断层发育；

3. 断层发育，受岩浆岩的严重破坏。

第十二条 煤层稳定性以煤层变化规律和可采性划分，采用定性和定量结合的方法确定。

（一）煤层稳定性定性评定

1. 稳定煤层。煤层厚度变化很小,变化规律明显,结构简单至较简单;煤类单一。全区可采或大部分可采。

2. 较稳定煤层。煤层厚度有一定变化,但规律性较明显,结构简单至复杂;有2个煤类。全区可采或大部分可采。可采范围内厚度及煤质变化不大。

3. 不稳定煤层。煤层厚度变化较大,无明显规律,结构复杂至极复杂;有3个或3个以上煤类。主要包括:煤层厚度变化很大,具突然增厚、变薄现象,全区可采或大部分可采;煤层呈串珠状、藕节状,一般连续,局部可采,可采边界不规则;难以进行分层对比,但可进行层组对比的复合煤层。

4. 极不稳定煤层。煤层厚度变化极大，呈透镜状、鸡窝状，一般不连续，很难找出规律，可采块段零星分布；无法进行煤分层对比，且层组对比也有困难的复合煤层。

（二）煤层稳定性定量评定

薄煤层评定以煤层可采性指数 K_m 为主，煤厚变异系数 γ 为辅；中厚及厚煤层评定以煤厚变异系数 γ 为主，可采性指数 K_m 为辅。参照指标见表 2-3。

煤层可采性指数 K_m 计算方法：

$$K_m = \frac{n'}{n} \qquad (2-1)$$

式中 K_m——煤层可采性指数；

n——参与煤层厚度评价的见煤点总数；

n'——煤层厚度大于或等于可采

表2-3 煤层稳定性评定的主、辅指标

煤层	稳定煤层		较稳定煤层		不稳定煤层		极不稳定煤层	
	主要指标	辅助指标	主要指标	辅助指标	主要指标	辅助指标	主要指标	辅助指标
薄煤层	$K_m \geq 0.95$	$\gamma \leq 25\%$	$0.95 > K_m \geq 0.8$	$25\% < \gamma \leq 35\%$	$0.8 > K_m \geq 0.6$	$35\% < \gamma \leq 55\%$	$K_m < 0.6$	$\gamma > 55\%$
中厚煤层	$\gamma \leq 25\%$	$K_m \geq 0.95$	$25\% > \gamma \leq 40\%$	$0.95 < K_m \geq 0.8$	$40\% > \gamma \leq 65\%$	$0.8 > K_m \geq 0.65$	$\gamma > 65\%$	$K_m < 0.65$
厚煤层	$\gamma \leq 30\%$	$K_m \geq 0.95$	$30\% > \gamma \leq 50\%$	$0.95 < K_m \geq 0.85$	$50\% > \gamma \leq 75\%$	$0.85 < K_m \geq 0.7$	$\gamma > 75\%$	$K_m < 0.70$

厚度的见煤点数。

煤厚变异系数 γ 计算方法：

$$\gamma = \frac{S}{\overline{M}} \times 100\% \quad (2-2)$$

$$S = \sqrt{\frac{\sum_{i=1}^{n}(M_i - \overline{M})^2}{n-1}} \quad (2-3)$$

式中　γ——煤厚变异系数；

M_i——每个见煤点的实测煤层厚度，m；

$\overline{M}$——煤矿（或分区）的平均煤层厚度，m；

n——参与评价的见煤点数；

S——均方差值，m。

第十三条　基建煤矿移交生产后，应在3年内进行煤矿地质类型划分，编写煤矿地质类型划分报告，可与煤矿生产地质报告合并编写，报告编写提纲见附录A，煤矿地质类型划分报告由煤矿企业总工程师组织审批，无上级公司的煤矿应聘请专家评审。

第十四条 一个煤矿原则上只评定划分一种地质类型，但在地质构造复杂程度、煤层稳定程度、瓦斯类型、水文地质类型、冲击地压危险等级和工程地质条件等有明显分区规律时，可分区、分煤层划分地质类型。

第十五条 煤矿地质类型每3年应重新确定。当煤矿发生突水（透水、溃水溃砂）、煤与瓦斯突出、冲击地压等较大以上事故或影响煤矿地质类型划分的地质条件发生较大变化时，煤矿应在1年内重新进行地质类型划分。

第二节　煤矿地质基础资料

第十六条　煤矿必须备齐下列区域地质资料和图件：

（一）矿区内各类地质报告；

（二）矿区构造纲要图；

（三）矿区地形地质图；

（四）矿区地层综合柱状图；

（五）矿区主要地质剖面图。

第十七条　煤矿必须备齐下列地质资料及图件：

（一）地质勘探报告、建矿地质报告、煤矿地质类型划分报告、煤矿隐蔽致灾地质因素普查报告、生产地质报告等；

（二）煤矿地层综合柱状图；

（三）煤矿地形地质图或基岩地质图；

（四）煤矿煤岩层对比图；

（五）煤矿可采煤层底板等高线及资源储量估算图（急倾斜煤层加绘立面投影图和立面投影资源储量估算图）；

（六）煤矿地质剖面图；

（七）煤矿水平地质切面图（煤层倾角大于25°的多煤层煤矿）；

（八）勘探钻孔柱状图；

（九）矿井瓦斯地质图；

（十）矿井综合水文地质图；

（十一）井上下对照图；

（十二）巷道布置图；

（十三）采掘（剥）工程平面图（急倾斜煤层要绘采掘工程立面图）；

（十四）井巷、石门地质编录；

（十五）工程地质图件；

（十六）其他图件。

第十八条 煤矿必须备齐下列地质资料台账：

（一）钻孔成果台账；

（二）地质构造台账；

（三）矿井瓦斯（煤层气）资料台账；

（四）煤矿水文地质资料台账；

（五）煤质资料台账；

（六）井筒、石门见煤点台账；

（七）工程地质资料台账；

（八）资源储量台账；

（九）井（矿）田及周边采空区、老窑地质资料台账；

（十）井下火区地质资料台账；

（十一）封闭不良钻孔台账；

（十二）其他资料台账。

第十九条 煤矿企业、煤矿应制定地质资料档案管理制度，建立地质资料档案室，并由专人负责管理。

第三章 煤矿隐蔽致灾地质因素普查

第二十条 建设煤矿、生产煤矿、资源整合煤矿等应结合未来 3~5 年采掘接续规划，开展隐蔽致灾地质因素普查。

第二十一条 煤矿隐蔽致灾地质因素主要包括：井（矿）田内及周边采空区，废弃老窑（井筒）、封闭不良钻孔，断层、裂隙、褶曲，陷落柱，瓦斯富集区，导水裂隙带、离层空间，地下含水体，地表水体，井下火区，油气及油气井、煤层气井，冲击地压危险性，古河床冲刷带、岩浆岩侵入体、煤（岩）层风氧化带、火烧区、古隆起、天窗、暗河、溶洞等不良地质体，边坡稳定性等。

第二十二条　采空区普查，应采用调查访问、物探、化探和钻探等方法进行，查明井（矿）田内及周边采空区分布、形成时间、范围、积水状况（积水边界、积水标高、积水量等）及补给来源、自然发火情况和有害气体，塌陷及大面积悬顶分布范围等。应将采空区相关信息标绘在采掘（剥）工程平面图和矿井充水性图等矿图上，建立井（矿）田内和周边采空区相关资料台账。

第二十三条　废弃老窑（井筒）和封闭不良钻孔普查，应收集井（矿）田内及周边废弃老窑（井筒）闭坑时间、开采煤层、范围，是否开采矿界煤柱等。井（矿）田内及周边施工的所有钻孔都要标注在图上，分析每个钻孔的封孔质量。建立井（矿）田内废弃老窑（井筒）、水源井、油气井、煤层气井、封闭不良钻孔台账。

第二十四条 断层、裂隙和褶曲普查，应查明井（矿）田边界断层和井（矿）田内落差大于 5 米的断层，查明井（矿）田内主要褶曲形态，收集井（矿）田裂隙发育资料、总结规律，编制煤矿构造纲要图。其中，断层普查主要包括断层性质、倾向、倾角、断距、断层带宽度、岩性及胶结情况，断层两盘伴生裂隙发育程度、断层延展情况、断层导（含）水性等。

第二十五条 陷落柱普查，应查明井（矿）田内直径大于20米的陷落柱，主要包括陷落柱发育形态、岩性、层位、周边裂隙发育程度、充填情况、导（含）水性等。

第二十六条 瓦斯富集区普查，应查明井田内煤层厚度和变化规律，煤质，煤体结构，瓦斯含量、瓦斯压力等瓦斯参数及瓦斯赋存状况，系统收集井田所有的瓦斯地质资料，编制瓦斯地质图。

第二十七条 导水裂隙带普查，应采用实测方法确定井田导水裂隙带高度，并预测波及范围和程度，受底板水威胁的矿井应查明底板采动导水破坏带深度。

离层空间普查，应当对煤层覆岩特

征及其组合关系、力学性质、含水层富水性等进行分析，参考相邻矿井离层情况判断离层发育的层位。

第二十八条 地下含水体普查，应查明影响井（矿）田安全开采的水文地质条件，各种含水体的岩层岩性组合和空间分布、水源、富水性、水位、水温、水质以及补给、径流、排泄特征。

第二十九条 地表水体普查，应查明对井（矿）田开采有影响的河流、湖泊、积水区、山塘、水库等地表水系，有关水利工程的汇水、疏水、渗漏情况，以及采矿塌陷区、地裂缝区的地表汇水情况，地表堤坝、沟渠、排水沟等防排水设施情况，当地历年降水量和最高洪水位、洪峰流量、淹没范围情况，地表水与地下水的水力联系等。露天煤矿还应分析地表水、地下水对露天煤矿边坡稳定性的影响等。

根据煤矿受地下水、地表水等威胁情况,开展防治水"三区"划分。

第三十条 井下火区普查,应查明火区范围、密闭、气体成分等情况。

第三十一条 油气及油气井、煤层气井普查,应查明煤层附近的油气富集情况,包括储集层位、储层厚度、范围、油气成分等,研究富集规律。

查明油气井和煤层气井分布、生产状况、井结构、开发层位、开发工程、封闭情况等。

第三十二条 冲击地压危险性普查,应查明井田内煤层顶板上方100米范围内坚硬岩层厚度、分布、物理力学性质等,查明孤岛煤柱、上覆遗留煤柱等，鉴定煤层及其顶底板岩层冲击倾向性。

第三十三条 古河床冲刷带、天窗等不良地质体普查，应查明井（矿）田内古河床冲刷带、岩浆岩侵入体、煤（岩）层风氧化带、火烧区、古隆起、天窗、暗河、溶洞等分布范围。

第三十四条 边坡稳定性普查，应查明露天矿边坡各岩层的岩性、厚度、物理力学性质、水理性质，软弱夹层的层位、厚度、分布及其物理力学特征，软弱结构面与边坡结构面的组合关系等；评价边（护）坡、排（矸）土场及其基底稳定性。

煤矿应查明工业广场（露天矿坑）、生活区是否受滑坡、泥石流等地质灾害影响。

煤矿应查明井（矿）田内因采矿引起的滑坡、泥石流等次生地质灾害。

第三十五条　煤矿隐蔽致灾地质因素普查治理费用可从企业安全生产费用中列支。煤矿集中的矿区，可由地方人民政府组织进行区域性隐蔽致灾地质因素普查和治理。

第三十六条　煤矿隐蔽致灾地质因素普查每3年开展1次。因地质条件发生变化导致较大以上事故发生的煤矿，应加大普查频次。

煤矿应当根据隐蔽致灾地质因素普查情况编写报告。

第四章 煤矿地质补充调查与勘探

第三十七条 当煤矿地质资料不能满足设计、建设和生产需要时,应针对存在的问题进行补充调查与勘探,收集相关地质资料,重点调查井(矿)田内或周边煤矿开采情况。

煤矿地质补充勘探工作应以查明地质构造、煤层厚度及结构、瓦斯赋存规律、水文地质条件、冲击地压危险性和工程地质条件等为主要任务,满足工程设计和安全采掘(剥)要求。

第三十八条 煤矿存在下列情况之一的,应进行地质补充调查与勘探:

(一)井(矿)田内及周边采空区、老窑等隐蔽致灾地质因素不清;

(二)原勘探程度不足,或遗留有瓦斯地质、水文地质、冲击地压或重大工程地质等问题;

(三)在建矿和生产过程中,构造、煤层、瓦斯、水文地质、冲击地压及工程地质等条件发生重大变化;

(四)资源整合、水平延深或煤矿范围扩大时,原地质勘探报告不能满足煤矿建设和安全生产要求;

(五)需要提高资源储量级别或新增资源储量;

(六)露天煤矿工程地质、水文地质等条件未查清;

（七）其他专项安全工程要求。

第三十九条 煤矿地质补充勘探工程应遵循物探、钻探和化探等手段相结合的原则，坚持"一孔多用"，钻孔应兼顾构造、地层、煤层及其顶底板、瓦斯（煤层气）地质、水文地质、冲击地压和工程地质等多项任务。

第四十条 井工煤矿补充勘探工程布置应坚持井上下结合，且与井巷设计工程结合。勘探线原则上应垂直于煤层走向布设。

沿走向推进的露天煤矿应平行于煤层走向布设，勘探线之间应尽量保持平行等距，并和地质剖面线一致。

补充勘探钻孔应穿过最下部可采煤层底板至少 30 米。

第四十一条 勘探工程原则上应布

置在已有的勘探线上。井工煤矿加密勘探线应尽量与石门、采区上（下）山等主要井巷工程的方向一致。为解决某些地质问题和井巷设计需要等勘探工程，可按实际需要合理布置。

第四十二条　对具有工业价值的有益矿产应有针对性地进行采样化验，圈定符合工业品位和可采厚度要求的范围，编写相关报告。

第四十三条　煤矿地质补充调查与勘探工作应由煤矿企业组织实施，由具备相应地质勘查能力的单位承担，现场工程结束后6个月内提交补充地质勘探报告。补充勘探设计和报告由煤矿企业总工程师组织审批，设计和报告编写提纲见附录B。

第五章 煤矿地质观测与综合分析

第一节 地质观测

第四十四条 煤矿地质观测应做到及时、准确、完整、统一。

（一）观测、描述、记录应在现场进行，并记录在专门的地质记录簿上，记录簿统一编号，妥善保存；

（二）观测与描述应做到内容完整、数据准确、表达确切、重点突出、图文结合、字迹清晰，客观地反映地质现象的真实情况；

（三）观测与描述应记录时间、地点、位置和观测与记录者姓名；

（四）观测与描述应做到现场与室内、宏观与微观相结合；

（五）观测资料应及时整理并转绘在素描卡片、成果台账及相关图件上，由观测人员进行校对。

第四十五条 井巷均应逐层观测其揭露岩层的特征、厚度及产状等，煤层、顶底板及标志层应重点观测，同时对井巷施工中的巷道变形、冒顶、片帮、底鼓和出水点等情况进行观测。

露天煤矿采煤工作面观测间隔根据工作面推进速度和煤层稳定性来决定；煤层测绘点间距应以能连出圆滑的分界

线为准；煤层顶底板（包括夹矸）测绘点间距不应大于20米，特殊情况应加密。

第四十六条 沉积岩观测应包括下列内容：

（一）碎屑岩类（砾岩、砂岩）应描述其颜色，结构构造，碎屑成分、大小、形态、磨圆度，岩石分选性，结核与包裹体的情况等；

（二）黏土岩应描述其颜色，结构构造及页理特征，固结程度，滑腻感，断口形状，可塑性，吸水软化或膨胀特点，黏结性，所含化石及其保存完整程度，结核与包裹体的情况等；

（三）化学岩及生物化学岩类应描述其颜色，结构构造，主要成分及杂质成分，硬度，所含化石、结核或包裹体大小、形态、分布情况，裂隙发育特征、方向性和充填物，与稀盐酸的反应状况等；

（四）沉积岩层还应描述层理类型和特征，层面构造和接触关系等。对于煤层对比困难的煤矿，应系统收集沉积相、沉积旋回等资料。

第四十七条　煤层观测应包括下列内容：

（一）井筒、石门和穿层巷道揭露煤层的地点应进行观测；顺煤层巷道的观测点间距按表5-1执行，遇地质构造时，应适当加密；

表5-1　煤层观测点间距

煤层稳定性	稳定	较稳定	不稳定	极不稳定
观测点间距 l/m	$50 < l \leqslant 100$	$25 < l \leqslant 50$	$10 < l \leqslant 25$	$l \leqslant 10$

（二）观测煤层厚度、煤分层厚度、宏观煤岩成分和类型，夹矸（层）厚度、岩性和坚硬程度，煤体结构及其空间展布，裂隙发育特征；当巷道不能揭露煤层全厚时，按表5-1规定的间距探测煤层全厚；

（三）层位难以判断、煤层对比困难时，还应观测煤的光泽、颜色、断口、软硬程度、脆韧性、结构构造和内生裂隙的发育情况，煤层中结核与包裹体的成分、形状、大小、坚硬程度及其分布特征等；

（四）煤层含水性、产状要素；

（五）煤层顶底板特征，包括伪顶、直接顶、基本顶、伪底和直接底的岩层名称、分层厚度、岩性特征、裂隙发育情况及其与煤层的接触关系；必要时，

测试岩石物理力学参数;

(六)煤层变薄、分岔、合并时,应观测煤层结构、煤厚、煤质、煤层的接触关系、围岩岩性等;

(七)煤层尖灭时,应对尖灭层位进行全面观测,分析尖灭原因;

(八)在煤层被冲刷区域,应观测冲刷带岩性、冲刷标志,系统收集供判明冲刷类型、推断冲刷变薄带方向和范围等基础资料;

(九)煤层风氧化带等其他需要观测的内容。

第四十八条 断层观测应包括下列内容:

(一)断层面的形态、擦痕和阶步特征,断层面的产状要素和擦痕的侧伏角;

(二)断层带中构造岩的成分和分布特征,断层带的宽度和充填、胶结及导(含)水性等;

(三)断层两盘煤、岩层的层位、岩性、产状、错位和牵引特征,伴生和派生小构造、断层类型;

(四)断层的切割关系,断层、褶曲的组合特征;

(五)断层附近煤层厚度、煤体结构、围岩破碎程度、出水和瓦斯涌出情况等。

第四十九条 褶曲观测应包括下列内容:

(一)褶曲形态、两翼产状;

(二)褶曲位置、轴面、走向、倾伏向和倾伏角;

(三)褶曲与煤层厚度变化、煤体

结构变化、顶底板破碎等关系。

第五十条 岩浆岩体观测应包括下列内容：

（一）岩石名称、颜色、结构构造、矿物成分、结晶与自形程度、分布排列特征；

（二）岩体产状、形态、厚度、侵入层位，对煤层厚度和煤质的影响。

第五十一条 陷落柱观测应包括下列内容：

（一）形状、大小和陷落角；

（二）柱面形态；

（三）充填物的岩性、层位、密实程度、导（含）水性；

（四）陷落柱附近煤、岩层的产状要素等；

（五）陷落柱的伴生构造。

第五十二条 露天煤矿边坡观测应包括下列内容:

(一)边坡岩层(岩体)的岩石特征,软弱结构层(面)的赋存状态、分布规律、接触关系、接触面的特征及产状;

(二)与边坡稳定有关的各类地质构造,包括断层、褶曲和裂隙等的性质、产状、发育方向及程度、裂隙带宽度、充填物等;

(三)松散及风化岩石的岩性、次生矿物、岩石破碎程度、与坚硬岩石的接触关系及接触面特征等;

(四)测量台阶高度、平盘宽度、边坡角,计算边坡稳定系数;

(五)滑坡体(包括排土场)位置、范围及滑落时间、滑动方向、滑落面产状及渗水情况等。

第二节 资料编录

第五十三条 井下（现场）观测、记录、描述的地质现象，必须于升井后2天内整理完毕，并反映在相关图件、台账、素描等地质文档中。对采掘（剥）工程布置有影响或可能导致安全问题的地质信息，应及时报告煤矿总工程师。

煤矿应积极采用先进技术和装备进行地质编录。

第五十四条 立井素描图应符合下列基本要求：立井应编录2个互成直角的井筒素描剖面，其中主素描剖面应与矿井地质剖面的方向相一致。必要时，需加绘井筒水平地质断面图。

第五十五条 石门和斜井素描图应符合下列基本要求：构造复杂程度为简单或中等时，可编录一帮（或顶、底）素描图；构造复杂程度为复杂或极复杂时，应绘制素描展开图。

第五十六条 岩巷素描图应符合下列基本要求：构造复杂程度为简单、中等或岩巷沿同一层位掘进时，每隔20～50米编录一个迎头断面，遇地质构造时加密；构造复杂程度为复杂、极复杂或岩巷穿层掘进时，应编录一帮素描图或素描展开图。

第五十七条 煤巷素描图应符合下列基本要求：

（一）巷道能够揭露全厚的近水平、缓倾斜煤层，稳定或较稳定时，应实测煤层小柱状；不稳定或极不稳定时，应编录一帮素描图。巷道不能揭露全厚的近水平、缓倾斜煤层时，第一分层巷道应做一帮素描图。

（二）巷道能够揭露全厚的倾斜、急倾斜煤层，稳定或较稳定时，应编绘实测煤层小柱状；不稳定或极不稳定时，应编录迎头断面，并编绘巷顶（或底）水平切面图。巷道不能揭露全厚的倾斜、急倾斜厚煤层时，应编录煤门一帮素描图和必要的迎头断面，并编绘巷顶水平切面图。

第三节 综合分析

第五十八条 煤矿地质综合分析必须以完整、准确的第一手资料为基础。

围绕煤矿存在的主要地质问题，着眼当前，兼顾长远，立足煤矿，结合区域，广泛采用新理论、新技术、新方法和新装备。

第五十九条 综合分析应包括下列主要内容：

（一）含煤地层层序、沉积特征及其演化规律；

（二）煤层结构、煤体结构、煤层厚度、煤质等变化的原因和规律；

（三）构造及其组合特征、形成机制、展布规律和预测方法；

（四）含煤地层中岩浆岩侵入体的特征、分布规律及其对煤层和煤质的影响；

（五）瓦斯（或二氧化碳）赋存规律；

（六）水文地质特征；

（七）冲击地压特征；

（八）煤层顶底板、陷落柱、老空区、地热等地质问题；

（九）隐蔽致灾地质因素；

（十）采探对比；

（十一）影响边（护）坡、排（矸）土场稳定性的因素；

（十二）煤矿建设和生产中新出现的地质问题。

第六十条　综合分析成果应及时反映在煤矿相关地质报告、地质说明书、地质预报及各类地质图件上。

第六十一条　煤矿每年应根据有关资料，依据相关规定和标准，进行煤炭资源储量估算，编制煤炭资源储量年报，掌握煤炭资源储量动态。

第六十二条 当煤矿发生地质灾害事故,或某种地质因素可能成为制约煤矿安全生产的主要原因时,应有针对性地开展综合勘查与分析研究,提出研究报告,指导安全生产工作。

第四节 地 质 预 报

第六十三条 地质预报应符合下列基本要求:

(一)地测部门与采掘、通防、防冲等部门应密切配合,及时研究被揭露的各种地质现象,分析地质规律;

(二)地质预报应按年报、月报、临时性预报等形式进行,且应根据采掘(剥)工程的进展及时发出;

(三)地质预报应做到期前预报、

期末总结,预报与实际出入较大时,应分析原因,总结经验,提高地质预报质量;

(四)地质预报经煤矿总工程师审查签字后生效。

第六十四条 地质预报应包括下列主要内容:

(一)断层、褶曲、陷落柱、地层倾角和岩浆岩侵入体等特征,以及对煤(岩)层和采掘工程的影响等;

(二)煤层厚度、煤层结构、煤体结构、煤质、煤层顶底板及其岩性等;

(三)煤层瓦斯赋存规律、煤(岩)与瓦斯(二氧化碳)突出危险性等;

(四)含水层、隔水层、构造体的含水性和导水性,最大涌水量和正常涌水量,采空区、老窑位置、离层及其积水情况，封闭不良或封闭情况不明钻孔的位置及封孔情况等；

（五）煤层及其顶、底板岩层冲击危险性；

（六）勘探孔、煤层气井和油气井及油气等对煤矿生产的影响；

（七）露天煤矿滑落层（面）的赋存状态及边坡滑落规律，影响边坡稳定的各种因素及影响程度等，预测边坡稳定性；

（八）地表水体、沟谷、开采塌陷等其他致灾地质因素及建议。

第六章 煤矿建设阶段地 质 工 作

第一节 基本要求

第六十五条 煤矿建设阶段地质工作的主要任务包括：系统收集编录煤矿建设阶段工程所揭露的一切地质资料，及时预测预报并研究解决施工过程中出现的地质问题，编制建矿地质报告并全面移交给生产单位。

煤矿建设阶段的地质工作，由煤矿

建设单位负责,煤矿施工单位具体实施。

第二节 开工前地质工作

第六十六条 新建煤矿开工前应开展下列地质工作:

(一)熟悉煤矿设计依据的最终地质勘探报告,掌握煤矿地质特征及其与区域地质的关系;

(二)熟悉煤矿设计,分析与煤矿相关的地质构造、煤层、瓦斯地质、水文地质、冲击地压、工程地质及其他开采技术资料,参与编制施工组织设计;

(三)复查井筒检查孔资料;

(四)调查、核实钻孔位置及封孔质量、煤层露头、典型地质剖面、地面

塌陷、地表水体、采空区、老窑、邻近煤矿生产和地质资料等,并将相关资料标绘在采掘(剥)工程平面图上;

(五)编制矿井瓦斯地质图,研究煤层瓦斯赋存规律;

(六)参与编制井巷揭煤探测方案、井巷过地质构造及含水层技术方案。

第六十七条 新建煤矿开工前应编制下列主要井巷工程的预想地质资料:

(一)井筒,主要石门,运输大巷,总回风巷,首采区上(下)山、运输巷、回风巷、切眼等平面图、剖面图及其地质说明书;

(二)井底车场、总运输水平、总回风水平的水平地质切面图;

(三)井巷工程需要的其他预想地质资料;

（四）露天煤矿采剥工程所需的预想地质资料。

第三节　施工中地质工作

第六十八条　井筒施工时，应及时观测井温，井下涌（漏）水点、水量、水位（水压）等变化情况，必要时进行水质分析。当发现影响施工的不利地质因素时，应及时提供补充地质资料。

第六十九条　井巷掘进过程中，应按本细则的有关要求对井巷穿过的地层、煤层、地质构造、陷落柱、含水层和隔水层等进行观测、编录和综合分析，并根据分析的结果，及时补充、完善相关地质资料。

第七十条　采用预注浆方法施工的

井巷工程应进行下列工作：

（一）做好注浆钻孔简易水文记录，提出注浆前后的抽（压）水试验资料；

（二）详细观测记录注浆层、段注浆材料充填裂隙及空洞等情况。

第七十一条　井巷掘进过程中，出现地质异常或与预测地质资料有较大出入时，应采用物探和钻探相结合的方式查明相关地质情况，否则，不得组织施工。

第七十二条　石门、立井、斜井和平硐等井巷揭煤前，应采用物探和钻探等手段综合探测煤层厚度、地质构造、瓦斯、水文地质及顶底板等地质条件，根据探查情况，编写揭煤地质说明书，提出防范措施及建议，揭煤地质说明书由煤矿总工程师审批。

揭煤地质说明书编写的主要内容及要求见附录D。

第七十三条 煤矿建设施工中，应观测分析影响施工的膨胀性黏土、流砂、基岩风化带、软岩、不稳定岩体及岩浆岩体等分布情况，必要时应采样测试。对缺少可靠化验资料的可采煤层，应进行必要的采样化验。

第七十四条 建井过程中，对已发生煤与瓦斯突出或瓦斯异常涌出的地段，按照《防治煤与瓦斯突出细则》，应详细记录地质现象，分析煤与瓦斯突出或瓦斯异常涌出的有关地质因素，总结规律。

第七十五条 按照《煤矿防治水细则》组织开展煤矿防治水工作，并根据现场实际情况，及时预测预报矿井涌水量。

第七十六条 有冲击危险性的矿井,按照《防治煤矿冲击地压细则》,开展冲击地压与各种地质因素和采掘工程关系的研究工作,总结规律。

第七十七条 有地热危害的矿井,应有计划地进行地温观测与探测,查明本矿井恒温带的深度和温度、不同深度和各构造部位的地温变化梯度;分析地温异常变化的地质因素;掌握煤矿地温变化规律,预测地热异常区。

第七十八条 露天煤矿基建过程中应及时开展边坡研究工作,测定与边坡稳定性有关的岩石力学参数,按相关规定对边坡进行动态观测,评价边坡稳定性,开展滑坡、泥石流地质灾害的预测预报及其防治等工作。

第七十九条 基建煤矿移交生产前6个月，煤矿建设单位应组织编写建矿地质报告，由煤矿企业总工程师组织审批。

建矿地质报告编写提纲见附录C。

第四节 建矿地质资料移交

第八十条 基建煤矿移交生产时，应同时移交下列主要地质资料：

（一）地质报告

1. 地质勘查报告；

2. 井筒检查孔总结报告及建矿期间补充地质勘探报告；

3. 建矿地质报告；

4. 岩土工程相关的勘查报告（露天煤矿）。

(二) 图件

1. 煤矿地形（或基岩）地质图；

2. 煤矿地层综合柱状图；

3. 设计开拓煤层底板等高线及资源储量估算图（急倾斜煤层应绘制相应的立面投影图）；

4. 井上下对照图；

5. 采掘（剥）工程平面图；

6. 矿井瓦斯地质图；

7. 矿井充水性图；

8. 主要井巷工程地质剖面图；

9. 钻孔综合柱状图；

10. 主要井巷地质素描图；

11. 回风和运输水平地质切面图；

12. 工程地质平面、断面图（露天煤矿）；

13. 其他必要图件。

（三）地质台账等资料

1. 构造素描卡片、台账和照片；

2. 煤层厚度实（探）测卡片和台账；

3. 瓦斯参数测定成果台账；

4. 煤与瓦斯突出观测卡片和台账；

5. 防治水基础台账；

6. 注浆、预注浆观测记录台账；

7. 煤质及有益矿产化验成果台账；

8. 地温、水温记录台账；

9. 原始观测和探测资料；

10. 煤（岩）层标本；

11. 工程地质台账（含煤层顶板坚硬岩层物理力学参数）；

12. 其他相关资料。

第七章 煤矿生产阶段地质工作

第一节 基本要求

第八十一条 煤矿生产阶段地质工作的主要任务包括：根据煤矿生产的需要，系统收集、编录所揭露井巷工程的地质资料，开展地质预测预报工作，及时编写各种地质报告、地质说明书等相关地质资料，保障安全生产。

第八十二条 煤矿生产阶段的地质

工作应当按照本细则的相关要求,及时对揭露的地质情况进行观测、编录和综合分析,并补充和完善相关地质资料。开展隐蔽致灾地质因素普查,当现有的地质资料不能满足安全生产时,应按要求进行补充地质调查与勘探。

掘进、回采期间可采用随掘、随采及孔中物探等技术探测前方地质构造等情况。

第八十三条 基建煤矿移交生产后,应在3年内编写生产地质报告,之后每3年修编1次。生产地质报告由煤矿企业总工程师组织审批,无上级公司的煤矿应聘请专家评审。生产地质报告编写提纲见附录C。有下列情况之一的,应及时对生产地质报告进行修编:

(一)地质构造、煤层、瓦斯地质、

水文地质、冲击地压、工程地质、煤质等发生了较大变化；

（二）煤炭资源储量变化超过前期保有资源储量的 25%；

（三）煤矿改扩建工程设计之前。

第二节 掘进期间地质工作

第八十四条 采区设计前 3 个月，由地测部门提出采区地质说明书，并由煤矿企业总工程师审批，生产过程中应根据实际揭露地质情况对采区地质说明书及时进行补充完善。井巷揭煤应当编写揭煤地质说明书。编写的主要内容及要求见附录 D。

第八十五条 采区掘进期间应采用物探、钻探等手段开展下列工作：

（一）查明落差5米以上断层、直径大于20米的陷落柱、褶曲的形态和岩浆岩侵入体及影响范围等；

（二）查明煤层层数、厚度，煤层结构和煤体结构及其变化；

（三）查明瓦斯赋存规律；

（四）查明水文地质条件，查明采掘工程与采空区、老窑的空间关系，确定防隔水煤（岩）柱；

（五）查明煤层顶板坚硬岩层分布特征，周边采空区大面积悬顶、上覆遗留煤柱等情况；

（六）查明煤层顶底板特征及其他开采技术条件。

第八十六条　掘进工作面设计前1个月，由地测部门提出掘进工作面地质说明书，并由煤矿总工程师审批。编写的主要内容及要求见附录 D。

第八十七条 工作面掘进期间应开展下列地质工作,并提出防治措施建议:

(一)查明影响回采工作面连续推进的断层和褶曲,并采用物探、钻探等手段查明回采工作面内隐伏断层或陷落柱等;

(二)进一步查明瓦斯赋存规律;

(三)查明工作面及周边老空水、含水层富水性和断层、陷落柱导(含)水性等水文地质情况;

(四)根据实测资料预测工作面内煤层厚度及结构变化情况,绘制工作面煤层厚度等值线图;

(五)测定煤质、煤岩等参数,分析煤质、煤岩变化规律,评价煤的利用途径;

（六）查明煤层顶板岩性、厚度、物理力学性质和裂隙发育程度，评价煤层顶板稳定程度；

（七）巷道实见的煤层冲刷变薄带，应查明其类型，确定其影响范围；

（八）查明揭露的岩浆岩体的位置、形态、影响范围及其对整个工作面的破坏程度，探测煤的变质带宽度，确定煤的变质程度；

（九）利用工作面巷道查明邻近煤层的地质条件；

（十）核实工作面的煤炭资源储量。

第三节 回采期间地质工作

第八十八条 回采工作面形成后，应开展相关物探、钻探等补充地质探查工作,查明工作面内部地质构造及其导(含)水性、顶底板富水异常区、瓦斯异常区、上覆坚硬岩层和遗留煤柱等情况。探查治理工作结束后10日内,由地测部门提出回采工作面地质说明书,由煤矿总工程师审批。编写的主要内容及要求见附录D。

第八十九条 工作面回采过程中应开展下列地质工作:

(一)及时填绘、分析工作面的采高和煤层厚度资料,对分层开采的厚煤层,探明煤层厚度,绘制剩余煤层厚度等值线图;

(二)实测各种地质构造的位置、形态、性质和产状;工作面发现断层的,必须跟踪观测,研究其延展趋势,及时预测预报;

（三）整理煤炭采出量和损失量等资料，分析损失量的构成比例及原因，提出提高回采率的建议；

（四）观测分析工作面出水点位置和涌水量等资料，提出水害防范措施；

（五）根据回采工作面瓦斯涌出资料，研究瓦斯涌出与地质因素之间的关系，分析回采工作面瓦斯涌出规律；

（六）根据回采工作面矿压等资料，分析预测工作面冲击地压危险性。

第九十条　工作面回采结束后，应在30日内提出采后地质总结报告；采区开采结束后6个月内，应提出采区地质总结报告，报煤矿总工程师审核。

第四节 煤矿水平延深地质工作

第九十一条 煤矿水平延深时,应开展下列主要地质工作:

(一)了解设计意图、安全生产对地质工作的要求;

(二)研究延深区现有地质资料的可靠程度,主要包括各煤层的稳定性和可采性,褶曲、断裂、岩浆岩侵入体等控制程度,瓦斯、水、冲击地压和地热等灾害的危险程度;

(三)核实原有煤炭资源储量的可靠程度,评价瓦斯(煤层气)资源储量和有工业价值的其他有益矿产;

(四)预测延深水平主要井巷工程和首采区的构造、煤层、瓦斯地质、水文地质、冲击地压和工程地质等条件；

（五）针对存在的地质问题，进行单项或系统的补充地质调查与勘探。

第九十二条 水平延深地质工作应达到下列要求：

（一）查明延深区的基本构造形态，查明落差 5 米以上的断层，直径 20 米以上的陷落柱；

（二）查明煤层赋存情况、煤质特征；

（三）查明延深水平的瓦斯地质、水文地质、冲击地压和其他开采技术条件；

（四）估算可采煤层的资源储量，探明或控制资源储量所占百分比应达到《矿产地质勘查规范　煤》（DZ/T 0215）要求。

第九十三条 煤矿水平延深地质工作由煤矿企业组织实施,水平延深补充地质勘探应由具备相应地质勘查能力的单位承担。施工前勘探单位应编制水平延深补充勘探设计,勘探工程结束后6个月内提交水平延深补充勘探地质报告,勘探设计和报告编写提纲见附录B;水平延深补充勘探设计和勘探地质报告由煤矿企业总工程师组织审批。

第五节 露天煤矿工程地质工作

第九十四条 根据采场、排土场的边坡稳定和采剥、运输等工程地质的需要,应对各种岩石进行物理力学和其他水理性质试验,主要包括:

(一)软岩的压缩及膨胀性;

（二）岩石的极限抗压、抗拉、抗剪强度，弹性模量，泊松比，普氏系数等；

（三）岩层软弱结构层（面）抗剪强度及摩擦指数；

（四）与公路路面设计有关的岩石力学试验（卡车运输的露天煤矿做此项试验）；

（五）岩石密度、孔隙度和含水性等；

（六）松散岩石的自然安息角等。

第九十五条 煤矿应及时开展边坡稳定性研究工作，对滑坡、泥石流进行预测预报并提出防范措施。主要包括：

（一）滑落层（面）的赋存状态、滑落形式和滑落规律；

（二）影响岩石物理力学强度指标

的因素及岩体强度指标；

（三）影响边坡稳定的各种地质因素及影响程度；

（四）边坡稳定计算的方法及稳定储备系数和边坡角等；

（五）建立边坡岩移动态监测系统和安设工业视频监控，对不稳定边坡区域设置监测点，及时预警预报。

第八章 煤矿闭坑阶段地质工作

第九十六条 煤矿闭坑阶段应开展下列主要地质工作：

（一）整理分析煤矿地质资料，总结主要地质规律；

（二）进行采探对比，评价原勘查资源储量的可靠性并确定其可靠系数；

（三）评价原勘查工程设计的合理性；

（四）核实煤矿资源回采率，分析各种损失所占的比例；

（五）总结共（伴）生矿产的综合开采和利用情况；

（六）明确煤矿采空区范围，并标绘在相关图件上；

（七）评估闭坑后地表沉陷、滑坡、地下水位及水质变化等问题，并提出防范灾害措施建议；

（八）在闭坑前进行全面的地质测绘，对各种图件、资料进行全面补充完善；

（九）提出煤矿未来可能利用的资源及建议。

第九十七条 闭坑地质报告应在开采活动结束的前1年由煤矿企业组织编写，煤矿闭坑地质报告编写提纲见附录E。

煤矿闭坑地质报告（包括图纸资

料）应报所在地煤炭行业管理部门、煤矿安全监管监察部门备案。

第九章 煤矿地质数字化工作

第九十八条 煤矿应采用先进技术,将地质报告、钻孔资料、地质说明书以及各类地质台账等有关地质信息数字化,建立健全地质信息数据库,每季度至少更新1次。

第九十九条 煤矿应编绘各类数字地质图件,每季度至少更新1次,其内容应满足各类矿图的基本要求。交换图采用数字矿图。

第一百条 煤矿应依托地理信息等系统,采用数字化、信息化、智能化、数字孪生等先进技术,建设地质测量信息"一张图",实现煤矿地质二维、三维可视化,生成煤矿所需的各类报告、图件、报表等资料。

第一百零一条 煤矿应积极推进透明地质保障系统建设,构建采掘工作面透明地质模型,逐步将地质透明化与采掘活动、灾害防治等结合,为智能开采提供安全可靠的地质保障。

第十章 附 则

第一百零二条 本细则自2024年3月1日起执行。原国家安全生产监督管理总局 国家煤矿安全监察局2013年12月31日颁布的《煤矿地质工作规定》(安监总煤调〔2013〕135号)同时废止。

主要名词解释：

火烧区：是指出露或者接近地表的煤层经过氧化燃烧，并伴随其高温引起顶底板岩层的物化特征发生变化，形成的空间区域。

突水：是指含水层水的突然涌出。

透水：是指老空水的突然涌出。

离层水：是指煤层开采后，顶板覆岩不均匀变形及破坏面形成的离层空腔积水。

导水裂隙带：是指垮落带上方一定范围内的岩层发生断裂，产生裂隙，且具有导水性的岩层范围。

坚硬岩层：是指具有强度高、厚度大、整体性强、节理裂隙不发育、自承能力强等特点的厚而坚硬的砂岩、砾岩或石灰岩等岩层。

全区可采煤层：是指在评价范围内（一般为一个井田或勘查区），面积可采系数一般不小于90%的煤层。

大部分可采煤层：是指在评价范围内（一般为一个井田或勘查区），可采程度介于全区可采煤层和局部可采煤层之间的煤层。

局部可采煤层：是指在评价范围内（一般为一个井田或勘查区），面积可采系数一般不小于30%的煤层。

附录 A 煤矿地质类型划分报告编写提纲

A.1 井工煤矿地质类型划分报告编写提纲

A.1.1 绪论
A.1.1.1 目的、任务和依据
A.1.1.2 矿井概况
A.1.1.3 以往地质工作

A.1.2 地层
A.1.2.1 区域地层
A.1.2.2 矿井地层

A.1.2.3 含煤地层

A.1.3 地质构造

A.1.3.1 地质构造

A.1.3.2 地质构造复杂程度划分

A.1.4 煤层、煤质和资源储量

A.1.4.1 煤层赋存特征

A.1.4.2 煤种及煤质变化

A.1.4.3 煤炭资源储量估算

A.1.4.4 煤层稳定程度划分

A.1.5 瓦斯地质

A.1.5.1 煤层瓦斯参数和矿井瓦斯等级

A.1.5.2 煤体结构类型分析

A.1.5.3 矿井瓦斯赋存规律

A.1.5.4 矿井瓦斯涌出量预测

A.1.5.5 矿井瓦斯类型划分

A.1.6 水文地质

A.1.6.1 含水层和隔水层分布规律和特征

A.1.6.2 充水因素分析，矿井及周边老空区分布状况

A.1.6.3 涌水量构成，主要突水点位置、突水量及处理措施

A.1.6.4 矿井开采受水害影响程度和防治水工作难易程度

A.1.6.5 矿井水文地质类型划分

A.1.7 冲击地压

A.1.7.1 煤岩层冲击倾向性

A.1.7.2 煤层顶板坚硬岩层分布规律

A.1.7.3 矿井冲击地压危险等级划分

A.1.8 其他开采地质条件

A.1.8.1 煤层顶底板特征

A.1.8.2 煤层产状要素

A.1.8.3 陷落柱、地热和天窗等地质

灾害危险程度

A.1.8.4　其他开采地质条件类型划分

A.1.9　矿井地质类型划分结果

A.1.9.1　矿井地质类型划分要素综述

A.1.9.2　矿井地质类型综合评定

A.1.10　矿井地质工作建议

A.1.11　附图

A.1.11.1　矿井地形（或基岩）地质图

A.1.11.2　矿井地层综合柱状图

A.1.11.3　矿井地质剖面图

A.1.11.4　矿井地质构造纲要图

A.1.11.5　煤层底板等高线和资源储量估算图

A.1.11.6　矿井瓦斯地质图

A.1.11.7　矿井综合水文地质图

A.1.11.8　矿井水文地质剖面图

A.1.11.9　矿井充水性图

A.1.11.10　煤层顶板坚硬岩层分布及厚度等值线图

A.1.11.11　采掘工程平面图

A.1.11.12　井上下对照图

A.1.11.13　巷道布置图

A.1.11.14　其他必要图件

A.2　露天煤矿地质类型划分报告编写提纲

A.2.1　绪论

A.2.1.1　目的、任务和依据

A.2.1.2　煤矿概况

A.2.1.3　以往地质工作

A.2.2　地层

A.2.2.1　区域地层

A.2.2.2　煤矿地层

A.2.2.3　含煤地层

A.2.3 地质构造

A.2.3.1 地质构造

A.2.3.2 地质构造复杂程度划分

A.2.4 煤层、煤质和资源储量

A.2.4.1 煤层赋存特征

A.2.4.2 煤种及煤质变化

A.2.4.3 煤炭资源储量估算

A.2.4.4 煤层稳定程度划分

A.2.5 水文地质

A.2.5.1 地形地貌对地表水排泄的影响

A.2.5.2 地表水的分布和特征

A.2.5.3 开采煤层上部含水层发育程度

A.2.5.4 水文地质类型划分

A.2.6 工程地质

A.2.6.1 岩层软硬程度及其结构特征

A.2.6.2 软弱结构岩层的发育程度及分布

A.2.6.3 地层的含水性及对边坡稳定性的影响

A.2.6.4 工程地质类型划分

A.2.7 煤矿地质类型划分结果

A.2.7.1 煤矿地质类型划分要素综述

A.2.7.2 煤矿地质类型综合评定

A.2.8 煤矿地质工作建议

A.2.9 附图

A.2.9.1 煤矿地形（或基岩）地质图

A.2.9.2 煤矿地层综合柱状图

A.2.9.3 煤矿地质剖面图

A.2.9.4 煤矿地质构造纲要图

A.2.9.5 可采煤层厚度等值线图

A.2.9.6 煤层底板等高线和资源储量估算图

A.2.9.7　煤矿综合水文地质图

A.2.9.8　煤矿水文地质剖面图

A.2.9.9　工程地质平面图和断面图

A.2.9.10　采剥工程平面图

A.2.9.11　其他必要图件

附录B 煤矿（水平延深）补充勘探设计、地质报告编写提纲

B.1 煤矿（水平延深）补充勘探设计编写提纲

B.1.1 绪论

B.1.1.1 勘探目的、任务、要求，编写依据

B.1.1.2 煤矿位置、交通、范围、自然地埋、地形地貌、四邻关系，煤矿开拓生产现状及存在的主要地质问题

B.1.2 地质概述

B.1.3 勘探工程布置及要求

B.1.4 勘探预期成果

B.1.5 组织管理及保障措施

B.1.6 工程预算

B.1.7 附图

B.1.7.1 地形地质及勘探工程布置图

B.1.7.2 主要勘探线预想地质剖面图

B.1.7.3 主要煤层底板等高线及资源储量预算图

B.1.7.4 井上下对照图

B.1.7.5 其他有关图件

B.2 煤矿（水平延深）补充勘探地质报告编写提纲

B.2.1 绪论

B.2.1.1 勘探目的、任务、要求，报

告编写依据

B.2.1.2 煤矿位置、范围、自然地理、四邻关系

B.2.1.3 煤矿前期地质工作及其质量评述

B.2.2 补充勘探工程

B.2.3 地层

B.2.4 地质构造

B.2.5 煤层、煤质

B.2.6 瓦斯地质

B.2.7 水文地质

B.2.8 工程地质及其他开采地质条件

B.2.9 资源储量估算

B.2.10 结论及建议

B.2.11 附图

B.2.11.1 煤矿地形（基岩）地质图

B.2.11.2 地层综合柱状图

B.2.11.3 勘探线剖面图

B.2.11.4 煤层底板等高线及资源储量估算图

B.2.11.5 煤（岩）层对比图

B.2.11.6 水平地质切面图（煤层倾角大于25°）

B.2.11.7 钻孔柱状图

B.2.11.8 煤矿综合水文地质图

B.2.11.9 水文地质剖面图

B.2.11.10 瓦斯地质图

B.2.11.11 上覆剥离物等厚线图（露天煤矿）

B.2.11.12 钻孔剥采比等值线图（露天煤矿）

B.2.11.13 其他有关图件

B.2.12 附表

B.2.12.1 钻孔坐标及综合成果表

B.2.12.2 资源储量估算基础表及汇总表

B.2.12.3 煤岩、煤质化验成果表

B.2.12.4 瓦斯参数测定成果表

B.2.12.5 抽水试验成果表

B.2.12.6 水质分析成果表

B.2.12.7 煤矿涌水量统计表

B.2.12.8 河流、水井及地下水长期观测资料表

B.2.12.9 岩石力学试验成果表

B.2.12.10 土样分析成果表

B.2.12.11 钻孔测斜成果表

B.2.12.12 其他有关成果表

附录C 煤矿（建矿、生产）地质报告编写提纲

C.1 绪论

C.1.1 目的、任务及要求，报告编写依据

C.1.2 煤矿位置、自然地理、四邻关系

C.1.3 煤矿及周边老窑、采空区分布及相邻煤矿生产情况

C.1.4 煤矿（建设、生产）概况

C.2 以往地质工作及质量评述

C.2.1 煤田勘查及补充地质勘探工作
C.2.2 煤矿采掘揭露及井下地质探测工作
C.2.3 煤矿地质工作质量评述

C.3 地层

C.3.1 地层（矿区地层、煤矿地层）
C.3.2 含煤地层

C.4 地质构造

C.4.1 地质构造
C.4.2 地质构造复杂程度评价

C.5 煤层、煤质及其他有益矿产

C.5.1 煤层

C.5.2 煤岩、煤质
C.5.3 煤尘爆炸性与煤的自燃倾向性
C.5.4 煤的用途
C.5.5 其他有益矿产
C.5.6 煤层稳定程度评价

C.6 瓦斯地质

C.6.1 煤层瓦斯参数和矿井瓦斯等级
C.6.2 煤体结构类型分析
C.6.3 矿井瓦斯赋存规律
C.6.4 矿井瓦斯涌出量预测
C.6.5 矿井瓦斯类型评价

C.7 水文地质

C.7.1 水文地质概况
C.7.2 充水条件及充水因素
C.7.3 涌水量构成及预测

C.7.4 煤矿水害及防治措施，主要突水点位置、突水量及处理措施
C.7.5 煤矿水文地质类型评价

C.8 冲击地压

C.8.1 煤岩层冲击倾向性
C.8.2 煤层顶板坚硬岩层分布规律
C.8.3 矿井冲击地压危险等级评价

C.9 工程地质及其他开采地质条件

C.9.1 岩层物理力学性质、坚硬程度、软弱层的发育程度及分布规律，岩层含水性及其对边坡稳定性的影响
C.9.2 煤层顶底板
C.9.3 地层产状要素
C.9.4 其他开采地质条件
C.9.5 工程地质及其他开采地质条件

评价

C.10 资源储量估算

C.10.1 煤炭资源储量估算
C.10.2 瓦斯(煤层气)资源储量估算

C.11 煤矿地质类型

C.11.1 煤矿地质类型划分要素综述
C.11.2 煤矿地质类型综合评定

C.12 探采对比

C.12.1 地质因素探采对比(构造、煤层、瓦斯、水文地质等)
C.12.2 资源储量探采对比
C.12.3 地质勘探类型探采对比
C.12.4 原勘探工程合理性评述

C.13 结论及建议

C.13.1 主要认识

C.13.2 主要问题

C.13.3 建议

C.14 附图

C.14.1 煤矿地形（基岩）地质图

C.14.2 煤矿地层综合柱状图

C.14.3 勘探钻孔柱状图

C.14.4 可采煤层底板等高线和资源储量估算图（急倾斜煤层加绘立面投影图）

C.14.5 煤矿地质剖面图

C.14.6 矿井瓦斯地质图

C.14.7 煤矿综合水文地质图

C.14.8 矿井充水性图

C.14.9　井上下对照图

C.14.10　巷道布置图

C.14.11　采掘（剥）工程平面图、排土工程平面图

C.14.12　主要井巷地质素描图

C.14.13　工程地质平面图（露天煤矿）

C.14.14　工程地质断面图（露天煤矿）

C.14.15　其他必要图件

C.15　附表

C.15.1　勘探钻孔成果表

C.15.2　钻孔揭露煤层情况一览表

C.15.3　资源储量估算基础表及汇总表

C.15.4　煤岩、煤质化验成果表

C.15.5　瓦斯参数测定成果表

C.15.6　水质分析成果表

C.15.7　其他有关成果表

附录 D 地质说明书编写主要内容及要求

D.1 采区地质说明书

D.1.1 正文部分

1. 采区位置、范围、四邻关系，井上下对照关系，勘探工作等；

2. 相邻采区实见地质构造、瓦斯地质、水文地质和冲击地压情况等；

3. 区内煤（岩）层产状和煤层厚度变化，断层与褶曲的特征、分布范围和控制程度，对采区开拓、开采的影响等；

4. 可采煤层厚度、结构及可采范围，可采煤层的可采性；

5. 各煤层顶底板类型、岩性、厚度、富水性及物理力学性质，各煤层群（组）之间的间距和岩性变化；

6. 陷落柱、岩浆岩体、冲刷带等情况；

7. 煤层瓦斯赋存地质规律，瓦斯（煤层气）资源储量；

8. 水文地质条件，采空区及周边老空区范围，预测正常涌水量、最大涌水量和突水危险性，防隔水煤（岩）柱和探放水等工程技术要求；

9. 地温及地热危害，煤层及其顶底板岩层冲击倾向性鉴定情况，煤自燃危险程度，以及其他隐蔽致灾地质因素普查情况；

10. 采区煤炭资源储量；

11. 工作面回采对地表建（构）筑物的影响；

12. 针对存在的地质问题应注意的事项和建议。

D.1.2　附图

1. 采区井上下对照图；

2. 巷道布置图；

3. 采掘工程平面图；

4. 采区地层综合柱状图；

5. 采区煤层底板等高线及资源储量估算图；

6. 采区回风水平和运输水平的地质切面图（煤层倾角大于25°）；

7. 采区地质剖面图；

8. 采区煤层厚度等值线图；

9. 采区瓦斯地质图。

D.2 掘进工作面地质说明书

D.2.1 正文部分

1. 工作面位置、范围及与四邻和地面的关系;

2. 区内地层产状和地质构造特征及其对本工作面的影响,断层落差,掘进找煤方向及褶曲的位置和形态;

3. 邻近工作面煤层厚度、煤层结构、煤体结构及其变化等;

4. 煤层顶底板岩性、厚度、物理力学性质;

5. 工作面瓦斯地质特征;

6. 主要含水层和主要导水构造与工作面的关系,工作面周边老空区范围,主要水害评价及防治水设计,预测正常涌水量、最大涌水量和工作面突水危险性，防隔水煤（岩）柱、探放水措施建议等；

7. 岩浆岩体、陷落柱等对工作面掘进造成的影响；

8. 地热、地应力、冲击地压危险性普查情况和煤自燃危险程度，以及其他隐蔽致灾地质因素普查情况等；

9. 针对存在的地质问题应注意的事项和建议。

D.2.2 附图

1. 工作面井上下对照图；

2. 工作面煤层底板等高线图；

3. 工作面预想地质剖面图（包含巷道掘进方向的剖面图）或局部地质构造剖面图；

4. 工作面地层综合柱状图。

D.3 回采工作面地质说明书

D.3.1 正文部分

1. 工作面位置、范围、面积以及与四邻和地面的关系；

2. 工作面实见地质构造的概况，实见或预测落差大于三分之二采高断层向工作面内部发展变化；

3. 实见点煤层厚度、煤层结构和煤体结构情况，及其向工作面内部变化的规律；

4. 实见点煤层顶底板岩性、厚度，裂隙发育情况；

5. 预测岩浆岩体、冲刷带、陷落柱等的位置及其对正常回采的影响；

6. 预测工作面瓦斯涌出量；

7. 工作面主要水害及水害治理成

果,预测工作面正常涌水量和最大涌水量;

8. 工作面煤炭资源储量;

9. 地热、冲击地压和煤自燃危险程度,以及其他隐蔽致灾地质因素普查情况等;

10. 针对存在的地质问题应注意的事项和建议。

D.3.2 附图

1. 工作面井上下对照图;

2. 工作面煤层底板等高线及资源储量估算图;

3. 工作面煤层厚度等值线图;

4. 工作面地质实测剖面图;

5. 工作面地层综合柱状图;

6. 其他相关图件。

D.4 揭煤地质说明书

D.4.1 正文部分

1. 井巷揭煤的水平、采区情况、井巷工程用途、井巷标高、方位、范围，断面形状、尺寸、支护方式等；井巷揭煤的周边开采关系（包括煤柱、采区、地面钻孔）及采掘工程活动等；勘探（包括钻探、物探）控制程度；邻近采掘工程控制程度；

2. 含煤地层及标志层，煤层厚度、产状、结构及煤质等，煤尘爆炸危险性、自燃倾向性，待揭煤层顶底板30米范围内煤（岩）层特征及厚度；

3. 断层名称、产状、落差、控制程度以及对揭煤的影响，褶曲名称、要素以及对揭煤的影响，陷落柱范围、特征以及对揭煤的影响，岩浆岩岩性、范围以及对揭煤的影响；

4. 揭煤区段所处瓦斯地质区域、构造单元，煤层硬度及软分层发育情况，邻近采掘工程瓦斯动力现象，邻近区段突出指标实测资料，瓦斯含量、压力预计和突出危险性；

5. 含水层厚度、富水性以及对揭煤的影响，涌水量预计；

6. 地质前探钻孔设计，包括钻孔编号，开孔位置，角度、方位、终孔深度，预计见煤、止煤深度、取心、测斜等要求，钻孔数量符合《防治煤与瓦斯突出细则》要求；物探设计，包括物探方法、实施位置、技术要求等；

7. 针对存在的地质问题应注意的事项和建议。

D.4.2 附图

1. 揭煤区域煤岩层综合柱状图；

2. 待揭煤层的底板等高线图或立面投影图；

3. 揭煤井巷地质剖面图；

4. 辅助地质剖面图；

5. 预计揭煤标高的水平切面图（煤岩层倾角小于15°的可不附）；

6. 其他必要图件。

附录E 煤矿闭坑地质报告编写提纲

E.1 绪论

E.1.1 闭坑原因和报告编写依据

E.1.2 交通位置与自然地理

E.1.3 矿权范围与四邻关系

E.1.4 煤矿矿业权设置

E.1.5 煤矿地质勘查简述

E.1.6 煤矿开采简述

E.2 煤矿地质简述

E.2.1 煤矿地质勘查及其质量评述
E.2.2 煤矿地质特征
E.2.3 煤矿开采地质条件
E.2.4 煤岩、煤质
E.2.5 资源储量估算及其质量评述

E.3 煤矿开采和资源利用

E.3.1 煤矿设计、建设及开采概况
E.3.2 煤矿损失量
E.3.3 资源储量注销
E.3.4 共(伴)生矿产综合利用
E.3.5 煤矿地质新认识

E.4 探采对比

E.4.1 基本地质特征对比

E.4.2　勘查类型及工程间距

E.4.3　资源量估算方法

E.5　煤矿地质环境影响现状

E.5.1　地质灾害

E.5.2　地下水破坏

E.5.3　水体污染及其自净情况

E.5.4　废弃物堆放情况及处理

E.5.5　已采取的防治措施和治理效果

E.6　结语

E.6.1　煤矿生产效益

E.6.2　煤矿闭坑资源储量的核销结论及闭坑依据

E.6.3　剩余资源储量处理与废矿坑利用建议

E.6.4　煤矿地质环境治理恢复及地质

灾害防治建议

E.7 附图

E.7.1 煤矿交通位置图

E.7.2 煤矿地形地质图

E.7.3 地层综合柱状图

E.7.4 煤矿地质构造纲要图

E.7.5 煤矿煤（岩）层对比图

E.7.6 煤矿地质剖面图

E.7.7 煤矿水平地质切面图

E.7.8 煤层底板等高线和资源储量估算图（急倾斜煤层加绘立面投影图）

E.7.9 井上下对照图

E.7.10 采掘（剥）工程平面图

E.7.11 工业广场平面图

E.7.12 井筒及有代表性的石门、主要巷道地质素描剖面图

E.7.13　其他必要图件

E.8　附表

E.8.1　钻孔坐标及综合成果表

E.8.2　资源储量估算基础表及汇总表

E.8.3　瓦斯参数测定成果表

E.8.4　抽水试验成果表

E.8.5　水质分析成果表

E.8.6　煤矿涌水量统计表

E.8.7　河流、水井及地下水长期观测资料表

E.8.8　岩石力学试验成果表

E.8.9　土样分析成果表

E.8.10　钻孔测斜成果表

E.8.11　其他有关成果表

E.9 附件

E.9.1 采矿许可证(复印件)

E.9.2 闭坑地质报告内审意见

E.9.3 最近一次资源储量报告评审意见及备案证明(复印件)

E.9.4 其他必要附件

后　　记

2022年10月，国家矿山安全监察局启动对2013年颁布的《煤矿地质工作规定》（以下简称《规定》）的修订工作，中煤科工西安研究院（集团）有限公司受国家矿山安全监察局委托承担修订任务，在《规定》基础上起草《煤矿地质工作细则》（以下简称《细则》）。

2022年11月，国家矿山安全监察局综合司印发《关于征集修订〈煤矿地质工作规定〉意见建议的函》（矿安综函〔2022〕288号），并在国家矿山安全监察局政府网站公布,在全国范围内广泛征集修订《规定》的意见建议。2022年11月至2023年5月,修订编写组人员赴煤矿企业、高校和煤炭开采设计等单位开展调研,在对收集的意见建议充分研究的基础上,结合现行相关规程、细则、标准和政策文件等,对《规定》修订内容进行研究,于2023年5月形成了《细则(初稿)》。

2023年6月至8月,国家矿山安全监察局事故调查和统计司对《细则(初稿)》进行深入研究,修改完善形成了《细则(审查稿)》。2023年9月4日至5日,国家矿山安全监察局在北京组织煤矿企业、高校、科研院所和煤炭开采设计等14家单位的15名专家对《细则(审查稿)》逐条审查,进一步修改完善形成了《细则（征求意见稿）》。2023年9月，国家矿山安全监察局综合司印发《关于征求〈煤矿地质工作细则（征求意见稿）〉意见的函》（矿安综函〔2023〕236号），再次征求各省级煤矿安全监管监察部门、局机关各司及有关中央企业的意见建议；同时，在局网站向社会公开征求意见建议。经对征求到的意见建议进行逐条研究，修改完善形成《细则（送审稿）》。2023年11月，将《细则（送审稿）》提交国家矿山安全监察局法律顾问办公室进行了合法性审核。

2023年12月16日，国家矿山安全监察局局长黄锦生主持召开第31次局务会议，审议通过《细则》。2023年12月29日，国家矿山安全监察局印发《细则》，自 2024 年 3 月 1 日起正式实施。

参加《细则》编写的主要人员：赵苏启、王皓、孙四清、苗耀武、张群、程建远、贾立龙、张培河、陈冬冬、李贵红、郑凯歌、李刚、赵继展、张俭等；参加审稿的主要人员：陈志胜、尹尚先、靳德武、刘长来、韩必武、田宏亮、李伟、李文生、胡兵、谷保泽、吴璋、刘清宝、高兴栋、刘永胜、段中稳、原德胜、吕闰生、陈建、吕大炜、王京伟、徐汉宝等。

在此，向参加编写、审核《细则》的专家、领导和提供大力支持的单位、专家表示衷心的感谢！

国家矿山安全监察局
2023 年 12 月 31 日